百角文库

探秘地球

会漂移的大陆

郑平　刘子午　著

中国少年儿童新闻出版总社
中国少年兒童出版社

北　京

图书在版编目（CIP）数据

会漂移的大陆 / 郑平，刘子午著 . -- 北京：中国少年儿童出版社，2024.1（2024.7重印）
（百角文库 . 探秘地球）
ISBN 978-7-5148-8417-3

Ⅰ . ①会… Ⅱ . ①郑… ②刘… Ⅲ . ①大陆漂移 – 青少年读物 Ⅳ . ① P1-49

中国国家版本馆 CIP 数据核字 (2023) 第 254100 号

HUI PIAOYI DE DALU
（百角文库）

出版发行：中国少年儿童新闻出版总社
中国少年儿童出版社

执行出版人：马兴民

丛书策划：马兴民　缪　惟
美术编辑：徐经纬
丛书统筹：何强伟　李　橦
装帧设计：徐经纬
责任编辑：张云兵　王智慧
标识设计：曹　凝
责任校对：刘文芳
封面图：晓　劼
插　图：刘向伟　刘　倩等
责任印务：厉　静

社　址：北京市朝阳区建国门外大街丙 12 号
邮政编码：100022
编辑部：010-57526268
总编室：010-57526070
发行部：010-57526568
官方网址：www. ccppg. cn

印刷：河北宝昌佳彩印刷有限公司

开本：787mm × 1130mm　1/32
印张：3
版次：2024 年 1 月第 1 版
印次：2024 年 7 月第 2 次印刷
字数：35 千字
印数：5001-11000 册

ISBN 978-7-5148-8417-3
定价：12.00 元

图书出版质量投诉电话：010-57526069　电子邮箱：cbzlts@ccppg.com.cn

序

提供高品质的读物，服务中国少年儿童健康成长，始终是中国少年儿童出版社牢牢坚守的初心使命。当前，少年儿童的阅读环境和条件发生了重大变化。新中国成立以来，很长一个时期所存在的少年儿童“没书看”“有钱买不到书”的矛盾已经彻底解决，作为出版的重要细分领域，少儿出版的种类、数量、质量得到了极大提升，每年以万计数的出版物令人目不暇接。中少人一直在思考，如何帮助少年儿童解决有限课外阅读时间里的选择烦恼？能否打造出一套对少年儿童健康成长具有基础性价值的书系？基于此，“百角文库”应运而生。

多角度，是“百角文库”的基本定位。习近平总书记在北京育英学校考察时指出，教育的根本任务是立德树人，培养德智体美劳全面发展的社会主义建设者和接班人，并强调，学生的理想信念、道德品质、知识智力、身体和心理素质等各方面的培养缺一不可。这套丛书从100种起步，涵盖文学、科普、历史、人文等内容，涉及少年儿童健康成长的全部关键领域。面向未来，这个书系还是开放的，将根据读者需求不断丰富完善内容结构。在文本的选择上，我们充分挖掘社内“沉睡的”“高品质的”“经过读者检验的”出版资源，保证权威性、准确性，力争高水平的出版呈现。

通识读本，是“百角文库”的主打方向。相对前沿领域，一些应知应会知识，以及建立在这个基础上的基本素养，在少年儿童成长的过程中仍然具有不可或缺的价值。这套丛书根据少年儿童的阅读习惯、认知特点、接受方式等，通俗化地讲述相关知识，不以培养“小专家”“小行家”为出版追求，而是把激发少年儿童的兴趣、养成正确的思考方法作为重要目标。《畅游数学花园》《有趣的动物语言》《好大的地球》《看得懂的宇宙》……从这些图书的名字中，我们可以直接感受到这套丛书的表达主旨。我想，无论是做人、做事、做学问，这套书都会为少年儿童的成长打下坚实的底色。

中少人还有一个梦——让中国大地上每个少年儿童都能读得上、读得起优质的图书。所以，在当前激烈的市场环境下，我们依然坚持低价位。

衷心祝愿“百角文库”得到少年儿童的喜爱，成为案头必备书，也热切期盼将来会有越来越多的人说“我是读着‘百角文库’长大的”。

是为序。

马兴民

2023 年 12 月

目　录

地球里面是什么

怎样才能了解地球内部的情况呢？最好的办法，就是钻到地球里头看一看，就像法国科幻小说作家凡尔纳写的《地心游记》那样。可惜科幻小说毕竟代替不了现实，到目前为止，人们还没有能力自由自在地钻到地球中心去活动。

按照目前的科学技术水平，我们国家采掘的矿井，最深能达到一两千米。我们的钻井一般深度也只有三五千米。即便是为了特殊的目的打的超深钻井，最大钻探深度也不过 10 千米左右。

可是，地球的半径有多少呢？足有 6300 多千米！对于 6300 多千米的半径来说，一两千米、10 千米左右的深度，就像我们吃苹果时，用刀子划破了的薄薄的苹果皮。苹果皮自然不能代替整个苹果，所以我们今天的的确

确无法清楚地知道地心深处到底是什么。

当然，人们也不是对地球一无所知。因为地球总是每时每刻在活动。人们运用已经掌握的知识，对许多来自地下深处的信息进行分析判断，可以推测出地下大概的情形。

地球上的火山活动告诉人们，地下有炽热的岩浆。人们还根据已经流到地球表面上的岩浆，把地下的岩浆分成含硅酸盐比较多的酸性岩浆和含硅酸盐比较少的碱性岩浆。但是，岩浆来自地下并不是很深的地方，最多也不过几十到几百千米。那么再深的地下是什么呢？

科学家又找到另一种了解地下情况的武器：地震。

我们知道，一年之内地球上大震小震不断。地震时产生的地震波可以在地下传播很远。地震波在地下传播时，传播速度与地层深度有一定关系。人们发现，地球内部有两个引起地震波变化的深度，一个在地下 33 千米处，一个在地下 2900 千米处。在 33 千米深处，地震波传播速度突然加速；到地下 2900 千米深处，地震波速度突然下降。

为什么地震波传播速度会发生变化呢？原来，地震波传播速度的快慢与它通过的物质状态有关。如果是在固态物质中传播，速度就慢；如果在液态物质中传播，速度就快些。据此，科学家判断，在地表 33 千米以内，一定是固态的物质，就是我们可以看得见的各种各样的岩石，科学家称这一层为“地壳”。由 33 千米到 2900 千米，地震波速度与在地壳内的传播速度相比明显加快。科学家推断，这里可能存在着一种近似液态的岩浆物质，科学家称这一层为“地幔”。当地震波传到地下 2900

千米以下，一直到地心，地震波再次减慢。于是科学家推测,这一部分可能又变成固态物质，科学家把它称为“地核”。就这样，地球划分出地壳、地幔、地核三个圈层。

打个不怎么恰当的比方，地球就好比一只鸡蛋，有蛋壳、蛋清和蛋黄三部分。虽然谁也没有亲眼看到地幔和地核到底是什么模样，但是，这种判断是有充分的科学根据的，因此，得到科学界的普遍认可。

人们早就知道，地下温度较高，每往下100米，地温要增加3℃。到15千米以下，温度增加速度变慢；到了6300多千米的地心，地温要达到3000℃以上。不但地下的温度特别高，而且压力还特别大。有人估计，如果以地面大气压做标准，地心的压力要达到300万个大气压以上。当然，这些数据都是科学家们的推测，不一定那么准确，但是，地下是一个高温高压的环境，大概不会有问题。

再一个要回答的问题是，地球内部都是由什么元素组成的。

今天，我们已经发现有 118 种元素，其中 94 种存在于地球上。实际上，这些元素在地球上并不是平均存在的。有的元素特别多，有的元素特别少。以地壳（地壳研究得比较清楚）为例，氧、硅、铝、铁、钙、钠、钾、镁、氢、

钛这10种元素占去了地壳总量的99%以上。其余80多种元素只不过占1%以下。在上面提到的10种元素中，氧的含量最多，占地壳总量的近一半。其次是硅，占地壳的1/4。再次是铝，占地壳的1/13。这三种元素占了地壳总量的80%。

那么，地壳以下都有些什么东西呢？是不是与地壳的元素分配完全相同呢？应该承认，我们对地下的物质组成知之甚少。人们大致可以这样估计：在地幔层，氧和硅的含量会比地壳有所减少，铁与镁的成分有所增加。在地核部分，大概铁与镍有明显增加，所以有人把地核又叫作“铁镍核心”。

所有这些说法都没有得到进一步的证实，只停留在假说阶段。

地球内部为什么是热的

恐怕大家都知道，地球里头是热的。在天寒地冻的日子里，当你走进几百米深的矿井，你会发现，那里气温很高，采煤的矿工只穿单衣作业。据有关资料讲，地下温度的变化规律是，每下降 100 米温度升高 3℃。

火山喷发也显示出地下高温的状况。在一片隆隆的爆炸声中，炽热的岩浆、通红的火山岩屑一起自地下喷涌而出，成为地球上最壮观的自然奇观。地下温泉的出现，要算地球内部热量的另一个展示了。在我国西藏和云南都有不少沸腾的热泉，如果你把一只鸡蛋放在热泉水里，不一会儿，就变成熟的了。

但是，地下热能来自何方，却是一个直到今天还没有被人们完全弄清楚的问题。

最早有人想象，地下热能可能是地下的煤燃烧造成的。不过这种说法很快就被否定了。因为，有人计算过，即使把地球上所有的煤全部烧光，也只有现在地球内部热量的一亿七千万分之一。

德国哲学家康德用他提出的星云说解释地球热能的起源。他认为，地球原本是由一团炽热的星云凝结形成的。地球形成后，温度下降，岩浆表层冷却，形成坚硬的地壳，但在地壳下面仍然是熔融的岩浆。由于地壳的隔热，地下一直处在高温状态。

这种说法同样受到不少科学家的反对。他们认为，即使地球内部的热来自星云，那么星云的热又从何而来？康德假说找不到答案。再说，人们已经发现，即使星云是炽热的，但按照康德的说法，由星云到地球的形成过程十分漫长。也就是说，当炽热的星云在还没有形成行星之前，它的热量早就丧失殆尽。

后来人们又提出，地球内部的热能来自放射性同位素的衰变。直到今天，这个假说依然是解释地球热源最主要的理论。

放射性同位素是一类能够自行分裂的物质，这类物质在分裂过程中，能够不断释放出能量。比如，原子量为238的铀，在衰变过程中，一方面放射出叫“γ”的射线，另一方面生成新物质铅和氦，与此同时，释放出大量的热能。虽然我们知道，地球中的放射性同位素与常规元素的比例不是很高，但数量还是极大的。有人估计，如果把地球内部的所有放射性同位素衰变所产生的能量全加在一起，那么它的总能量简直就是个天文数字！

科学家对陆地上不同地区的热流值（即单位面积地表向空间散失的热能值）的测定结果，又从另一个方面印证了同位素衰变说的合理性。他们对不少地区的热流值进行测定，经过对比发现，在一些年代较新的岩石地区，热流值比较高，而在古老陆区，热流值就比较低。

这个现象可以说明，随着时间的推进，形成岩石较早的地区，因为放射性同位素不停衰变，热能已经大量消耗，热流值必然较低；而在岩石较新的地区，则因为放射性同位素消耗不多，表现为较高的热流值。

与放射性同位素说相抗衡的还有地下高压生热说。这些科学家认为，造成地下高温的原因可能并非来自放射性同位素，而是强大的地下压力，就像你用打气筒给自行车打气的时候，

气筒会发热一样。人们已经大致估计到，地下存在着超乎寻常的压力。如果以地表大气压为单位衡量，到了地壳底部，其压力可能是大气压力的1万倍。而到了6300多千米以下的地核，其压力可能超过300万个大气压。可以想象一下，地下深处的物质在如此巨大的压力下，难道不会释放出巨大的热能吗？

不管同位素放射说也好，还是地下压力说也好，都比较合理地解释了地下高温产生的原因。但是，它们同样都不过是一种假说而已。因为，人们现在还无法到几千千米的地下实地进行观察，进而得出确凿无误的结论。

会漂移的大陆

地壳会运动，这是今天人们都了解的常识。比如，地质学家早就发现，本来生活在大海里的海洋生物化石，竟然出现在高高的山顶上。这说明在地质历史中，地壳曾发生过大范围的垂直运动，才出现了这种“沧海桑田”式的变迁。

但是，地壳还会水平移动，在地球上可移动数千千米，这种现象，是在20世纪初，魏格纳大陆漂移说提出以后，才逐渐被人们所关注。

魏格纳是德国气象学家。1910年，当他观察世界地图时，发现非洲的西海岸与南美洲的东海岸，二者的轮廓线如此的近似，以至于可以把它们相互拼接起来。由此，他突发奇想：这两个大陆会不会曾经彼此相连，后来地壳就像撕报纸那样，彼此逐渐分离开来？

本来，当西方人发现南北美洲之后，人们就注意到，南美洲的古生物化石与非洲的古生物化石十分相近，可是当时谁也没有想到两个大陆的移离问题，只是千方百计地寻找他们想象中连接两个大陆的、现在已经消失了的“陆桥”。还有人以为，两个大陆之间本来是有大陆存在的，后来发生了地壳下沉，才使两个大陆彼此分开。“陆桥说”也好，“下沉说”也好，都不能对此问题做出合理的解答。

魏格纳把他的奇想告诉了德国著名的气象学家、他的岳父——柯本教授。柯本对此不以为然，他劝女婿，不要做此妄想。因为解决大陆漂移问题，要牵涉到地质学、古生物学等他原本并不熟悉的知识。但是魏格纳没有听从岳父的劝告，他奋发努力，终于在 1912 年写出了他的代表作《海陆的起源》。

在这本著作中，魏格纳假设，在远古时候，地球上只有一块大陆，称“泛大陆”，包围这块泛大陆的是统一的“泛大洋”。大约在两亿多年前（相当于地质历史中的侏罗纪），地球

发生了一次重大的突变，泛大陆开始破裂。这些破裂的陆块像是漂浮在海上的船只，向外漂移。漂移过程一直持续到距今两三百万年以前，即地质时期的第四纪初，这些大陆终于到了大致今天的位置。

魏格纳的大陆漂移假说引起了当时学术界的广泛注意，但也遭到严厉的批评。在那些人看来，如此庞大的陆块能像船只那样在地球上到处漂行，简直无法想象。

大陆漂移说沉寂了三四十年。直到 20 世纪五六十年代以后，科学家在大西洋海底发现一条长长的水下山脉（后来被称为“大洋中脊”），并对山脉两侧做了详细的地磁测量，这时科学家才逐渐认识到，几十年前的魏格纳的假说，为说明他们的新发现提供了一个强有力的武器。

还是在第二次世界大战刚结束不久，科学家就开始着手准备对海底地磁场进行更大规模的测量。他们把先进的地磁记录仪装在科学考察船上，在大西洋上做东西向往返航行，在航行中，地磁仪不停地记录着洋底地壳的地磁场变化。

根据地磁观测的证据，科学家猜测，大洋中脊一定是新地壳产生的地方。从这里出发，地壳裂开并向两侧移动。在裂开的同时，地下

岩浆涌出，填充在中脊裂谷底部。离大洋中脊越远，岩石年龄自然越老。人们把上述理论，称之为“海底扩张学说”。海底扩张学说认为，地壳的移动是海底扩张的结果。

当然，海底地壳的移动并不是一直持续下去。当地壳在移动中到达大陆边缘，海底地壳遇到陆壳的阻挡，便向下俯冲，深入地球的内部，于是就形成了深深的海沟。海底地壳的移动也带动大陆移动，如果两个大陆地壳发生碰撞，彼此相互挤压，就会形成高大的山脉。科学家研究发现，地球上的地壳可以划分为六个大的块体，称为“板块”，即所谓的太平洋板块、亚欧板块、印度洋板块、非洲板块、美洲板块以及南极洲板块。这些板块在地球表面彼此做相对的、缓慢的运动，它们之间彼此分离、衔接、碰撞、俯冲，最后形成今天地球的海陆分布大势，科学家称之为“板块学说”。

那么，地壳到底为什么会发生运动？尽管现在已经出现不少有关地壳运动的学说，为人们描绘出一幅幅生动的地壳运动的图景。但是，直到今天，关于产生地壳运动的原动力是什么，科学家们并未找出一个令人完全信服的答案。

奇怪的三角形

打开一张世界地图，你就会发现，几乎所有的大陆——亚欧大陆、非洲大陆、北美大陆、南美大陆都是北部平宽，南部两侧向内收束，最后成为一个三角形。就连南极大陆也不例外，它那濒临印度洋的东南极海岸基本与纬线相平行，成为三角形的一个边，而西南极则是细长的南极半岛。唯一的一个例外是澳大利亚大陆，它的三角形的顶点朝向北方。

以上的事实是出于一种巧合，还是有着一

定的科学道理呢？大陆漂移学说似乎可以帮助我们寻找到一个容易被人接受的答案。

据研究，地壳的演变并不像魏格纳所描绘得那样简单，即由古老的联合大陆分裂成今天的几块大陆，就像一张被撕开的报纸那样，其发展过程远比这要复杂得多。大陆漂移不但要经历十分漫长的时间，而且在漂移过程中还会产生许多魏格纳当时并没有想到的问题。

于是，人们在魏格纳学说的基础上，又提出了“碎块学说”，并试图用这种学说解释大陆三角形之谜。

碎块学说认为，每块大陆并不是一个完整的统一体。它是由一系列大小不同的碎块拼合而成的，大者可达几十万平方千米，小者只有几平方千米。每块碎块的年龄也不相同，有的可达几十亿年，有的只有几亿年。这说明，大的陆块的形成可能是在不同时期，经过多次拼接最后才完成的。比如，科学家已经知道，北美大陆的北半部，是由100多块陆块拼合而成的。而亚洲的西伯利亚，甚至面积不大的日本，也不是铁板一块，它们也是由多块地块组合成的。我国地质学家也测出，中国山东东西两部分就是由一块年龄大约为25亿年的地块与一块年龄14亿年的地块黏合而成，其黏合年代大约在距今1.9亿年前的侏罗纪。

碎块说为我们解开大陆倒三角之谜开辟了道路。科学家估计，陆块漂移可能都是先裂后拼的。据大陆漂移学说，陆块还没有裂开之前，统一大陆处在赤道以南的南半球。当统一大陆发生破裂，并开始漂移时，可能先要向北移动。在移动途中，一定要遇到其他分离的陆块，就像我们玩的碰碰车一样，自然彼此碰撞，并且与之拼接。因为陆块向北移动，北半部可能遇到的分离陆块的机会要比南半部多，这样就形成了各大陆北半部多为平直的三角形的边，南半部则为比较瘦长的形态。

至于澳大利亚大陆为什么会是一个特例，那可能是因为澳大利亚大陆在移动中，曾经发生过旋转。

另外，我们还会发现，不但几块大陆呈倒

三角形的形状，而且几乎所有大陆上大的半岛，其尖端也多是指向南方，如亚洲的印度半岛、中南半岛、阿拉伯半岛、朝鲜半岛和堪察加半岛，北美洲的佛罗里达半岛、加利福尼亚半岛，欧洲的巴尔干半岛、亚平宁半岛和斯堪的纳维亚半岛等。产生这种现象的原因，也可以用上述的碎块学说加以解释。

尽管陆块破碎说可以自圆其说，为大陆形状提出一个可供选择的解释，但是，它并没有得到大多数学者的认可。他们认为，陆块破碎说总有点儿牵强，偶然的成分太多。不过，倒是有一个现象对陆块破碎说有利，那就是地球上的大陆分布，北半球确实比南半球多得多，大约是南半球的两倍。据推测，从2.4亿年前至今，至少已经有一半以上的南半球的陆块移到北半球来，而且这种移动过程还在继续。支持破碎说的人们争辩说，如果没有陆块从南向北迁移，怎么会出现北半球大陆要大大地多于南半球的情况？

除此以外，还有更奇怪的现象：

有人曾经在地球仪旁这样观察过地球，发现在地球仪上，大陆与大洋基本上是相互对称的，也就是说，在地球这一侧如果是一片大陆，那么在地球的另一侧，就是海洋。说具体一点

儿，在非洲大陆的对面是中太平洋，亚欧大陆的对面是南太平洋，北美大陆的对面是印度洋，南美大陆的对面是西太平洋，澳大利亚大陆的对面是大西洋,南极大陆的对面是北冰洋。

这种现象是偶然巧合，还是有其内在的原因，现在只能十分遗憾地说，对于这个问题，确实还没有弄清楚。

地震是怎样产生的

地震是地球上十分常见的自然现象。和刮风下雨一样，地球上天天都有地震发生，而且多到一天就要发生1万多次。一年下来，全球大概要有500万次地震发生。只不过在这500万次地震中绝大多数很小很小，小到不用灵敏的地震仪我们就不能感觉到它。像这样的小震约占一年中500万次的99%，剩下的1%即5万次,才是人们可以感觉到的大一点儿的地震。在这5万次大一点儿的地震中，能够造成破坏的约有1000次，而造成严重破坏的特大地震，全球平均一年只有一次而已。

地震会给人类带来十分惨重的损失。在我国，历史上和最近几十年内曾发生过多起特大地震，其中1976年7月的唐山大地震，在几秒钟内，便把一座繁华的工业城市夷为平地，使24万人丧失了生命；2008年5月12日，四川汶川的8级特大地震，造成了8.7万人的死亡，直接经济损失达8000多亿元。

地震还会引起地球表面自然面貌的剧烈变化。一次强震可以使地面产生长距离的断裂，巨大的山体也会因地震而崩塌。不管强震发生在哪里，几乎世界各地所有的地震台都会留下它的记录。这说明地震释放的能量是十分巨大的。据科学家计算，一次5级地震，释放的能量相当于一个2万吨级的原子弹爆炸时产生的能量。一次 8.5 级的地震所释放的能量如果换算成电能，我国大型水电站——刘家峡水电站（装机容量 122.5 万千瓦）要连续发电八九年才能抵得上。

地震是怎么产生的呢？

比较常见的说法是由于地壳断裂形成的。人们曾经做过这样的实验：把一块坚硬的花岗岩放在压力计下加压。起初花岗岩纹丝不动，可是加压到每平方厘米 1200 千克力时，花岗岩就会骤然破碎。从这个实验中，我们可以理解到地壳破裂的基本概念。就是说，来自地壳内部的力对地壳施加压力时，也许开始地壳还不会做出反应。可是持续时间一久，压力不断增大，地壳就会发生猛然断裂。这种断裂来得十分突然，可以说是在转瞬之间完成的。在地壳断裂过程中，不但引起岩石破裂，也要释放出巨大的能量，引起大地的强烈震撼，于是，地震发生了。地震来得十分突然，使人猝不及防，一次几乎无法抵御的灾祸便这样降临人间。

科学家把这种地震叫作“构造地震”。据估计，世界上绝大多数地震都是由于地壳断裂产生的。

那么，为什么地震有大有小呢？打个比方，你拉一张弓，弓拉得越紧，射出的箭就越

有力。地震也一样，当一个地区的地壳受力时间越长，受力越大，它所产生的地壳破裂就越剧烈，释放的能量也越大，地震震级就越大。

除了构造地震以外，火山也能引起地震，甚至较大型的水库蓄水后，也可能引发地震。但这些地震规模小，对人类的威胁不能与构造地震同日而语。

从以上所述，好像地震的成因问题已经解决了，其实并不那么简单，原因有三：

其一，虽然构造地震的理论有很大的说服力，但是，其中有许多细节还没有完全弄清楚，比如，引起地壳破裂的地应力是怎样产生的，地应力又是怎样施加于地壳上的等。

其二，迄今为止，人们还不能说有过一次成功的地震预报。这个事实告诉人们，我们对地震知道得实在太少了。既然地震预报至今尚未解决，又怎么能说对于地震的成因已经清楚了呢？

其三，由于地震成因的复杂性，科学家又从另一个角度来解释地震的成因。他们认为，地壳的破裂可能并不是引起地震的根本原因。提出这种观点的人认为，地球是一个巨大无比的电机，在转动过程中，会产生巨大的不同性质的电荷。由于受太阳粒子等天文因素的影响，

地球内部的相异电荷突然连接，形成“地下闪电”，从而释放巨大能量，由此才产生了地壳的破裂和引起地震的发生。

尽管支持这种假说的人目前还不多，但至少可以看出人们对于构造说的怀疑。

地球上的水是从哪里来的

有人说，地球是个“水球”。这话一点儿也不假，宇航员从遥远的太空俯瞰地球，看到的就是一个被海水覆盖着的蔚蓝色的球体。至于被人们称作七大洲的大陆，全像是漂浮在蓝色海洋上的一座座岛屿。

现在我们知道，地球上的水面约占地球表面的 71%，其水的总量约为 13.8 亿立方千米，其中海洋中的水约占 96.5%，陆地冰川、河流、湖泊和地下水，以及大气中的水汽加在一起，只占地球上全部水量的3.5%左右。

人们要问，地球上这么多的水到底是从哪里来的呢？

对于这个问题，我们可以归纳为三种主要假说。

第一种假说认为，地球上的水来源于原始大气。他们推测，在地球历史的早期，地球的温度一定很高，地球上不可能有液态水存在。当时的水只能以水蒸气的方式存在于大气中。后来，地球慢慢地冷却，当温度达到水的沸点以下的时候，气态的水便凝结成液态的水，形成降水，落到地面。他们想象，原始大气中水的数量之大是十分惊人的，由气态水变成液态水的过程也一定很长很长。就是说，要经过数万年不间断的降水，才能使地球表面所有的低洼地方都积满水，这样，原始海洋也就形成了。

科学家还找到了地球上最古老的沉积岩（由流水作用堆积而形成的岩石）。有了沉积岩，就可以证明当时有水的存在。他们用仪器测算出最古老的沉积岩年龄为35亿～38亿年。也就是说，在遥远的38亿年前，地球上就已经出现了水。

大气来源说有它的不足之处。因为有人推测，在地球历史早期，地球的温度很高，地球

上的水只能以水蒸气的形式弥漫在大气中，那么为什么这些水汽没有逸散到地球以外的宇宙空间去呢？

于是又有另外一种假说——岩浆析出说应运而生。岩浆析出说认为，地球上的水是本来就有的。只不过在地球早期，这些水没有从地球中分离出来，而是大部分以结晶水的形式藏在地球内部，或者干脆就直接溶解在岩浆中。后来，随着地球的演化，这些包含在地球内部的水通过火山喷发，也可能通过岩浆侵入等方式跑出来，进入地表。

我们知道，在地壳以下有一层很厚的地幔层。一位俄国科学家曾经做过这样的计算，他估计地幔层中共储存水 20×10^{24} 克。而现在地球表面所有的水加在一起也仅仅占其中的 13%，剩下 87% 的水量仍然存在于地幔里，成为不断补充地表水分的后备水源。有人还对地球上的火山喷发进入大气的水做过大概的估计，认为目前全世界每年仅因为火山爆发，就带到大气中4000万～5000万吨的水。地球历史那样漫长，由于火山喷发等原因进入地球表面的水分，最后形成海洋等巨大的水体一定不成问题。

还有一种假说也非常流行。他们认为，地球上的水是从宇宙空间来的。产生这种假说的重要根据，是他们发现地球周围的许多彗星原来是由冰晶组成的。宇宙空间的彗星成千上万，并且不断和地球相遇，进入大气层，来到地球上。他们估计，大约每分钟就有20颗平均直径为10米以内的彗星进入大气，每颗彗星可以释放出100吨水。虽说一颗彗星的水量不是很大，但是发生的频率很高，时间一长，足以形成地球上庞大的水体。

上述三种假说哪一种更接近事实呢？可以说，到现在为止，还没有一个公认的答案。大气来源说因为有较严重的缺陷，谈论的人已越来越少。另外两种说法也不能说哪个更接近科学，只能说各有各的道理。也许地球上的水本来就是多源的，既有地球内部的来源，也有

“天外来客”。只推崇一种来源，而摒弃另一种来源，也许是不可取的。

我们相信，随着科学技术的发展和人类的进步，人们会对这个地球科学中最基本的问题，逐渐得出一个完满的解答。

古代的冰期是怎样形成的

在北欧平原上，到处可以找到大大小小的花岗岩石头。起初，人们不知道它们的来历。后来有人发现，这里的石头与遥远的阿尔卑斯山中的花岗岩十分相似，却不知道这些石头怎么会从阿尔卑斯山跑到这里。后来，经过科学家的研究才知道，是阿尔卑斯山上古代的冰川把这些石头“搬”到这里来的。从此，古代冰川研究成了科学家十分感兴趣的一个课题。

现在我们已经知道，在地球漫长的历史中，

曾经出现过多次气候变冷的时期，科学家把这些时期称作冰期。最早被人们发现的是距我们最近的第四纪时发生的冰期，即在最近300多万年期间，地球上曾经发生过多次气候变冷的时期，总称为“第四纪冰期”。在冰期与冰期之间，是气候比较温暖的时期，称为间冰期。

欧洲阿尔卑斯山是科学家研究第四纪冰期最详细的地方。在那里，人们发现在第四纪的300万年时间里，至少出现过四次冰期，即距今100万年前出现的云斯冰期，距今70万年前出现的明德尔冰期，距今30万年前出现的里斯冰期和10万年前出现的武尔姆冰期。在最近1万年来，世界气候又一次转暖。所以说，我们正处在第四纪冰期中的一个间冰期内。

在寒冷的冰期到来之时，气候变冷，世界冰川范围扩大。除了南极大陆被冰川覆盖以外，北半球的北欧、北亚、北美的辽阔大陆也都戴上了巨大的“冰帽子”，冰层厚度可达近千米。在中纬度甚至低纬度的一些高山，也覆盖着冰雪，就连非洲赤道附近的乞力马扎罗山顶，也有冰川覆盖。冰期最活跃时，世界陆地大约 1/3 都被冰川掩埋。

第四纪冰期对世界自然面貌产生了深远影响。上面我们提到的北欧平原上留下来的冰川漂砾，就是第四纪冰川活动造成的。此外，冰川活动在高山留下了陡峻的角峰、深邃的“U”形谷、冰碛（qì）湖和大量冰碛物。冰期来临，许多生长在比较温暖环境中的动物与植物只好向南方转移，有些物种因为不能适应寒冷环境而死去。第四纪冰期对于人类的发展与进化具有决定性意义。由于冰期的到来，大量植物被冻死，森林中的古猿断了生活来源，只好走到地下，从此学会了直立行走，手与脚开始分工，逐渐学会用双手使用工具，大脑也渐渐发达，于是有别于古猿的猿人出现了。

另外，由于冰雪大量被堆积在陆地上，引起全球海面下降，地球陆地面积扩大，本来彼此被海洋隔开的陆地，在冰期时相互连接了起来。冰期世界海陆分布与今天的海陆分布有很大差异。

上面我们介绍的是第四纪冰期的一般情况。第四纪以前地球上是否也出现过冰期呢？

现在可以非常明确地告诉大家，不但出现过，而且出现过不止一次。已经发现的、大家比较公认的古老冰期有：距今27亿年左右前寒武纪中期冰期，距今9.5亿年前寒武纪晚期冰期，4亿多年前早古生代冰期与3亿年前晚古生代冰期。

好了，下面我们还是回到本文的中心：为什么地球上会有冰期出现？

第一种推测，可能和太阳活动有关。太阳辐射是地球从外界获得能量的唯一源泉。可是，太阳辐射有强有弱，在太阳黑子活动特别强烈时，太阳辐射变弱。在这个时期，地球接收太阳的辐射能减少，于是冰期就出现了。

第二种推测，可能与地球在宇宙中的位置有关。有人想象，可能是在某个时期，太阳系的移动穿过宇宙星云。这时，由于星云吸收了太阳的大量热能，使地球接收的辐射能大为减少，最后造成地球冰期的产生。

第三种推测，可能是地球上火山喷发在冰期时十分强烈。由于火山活动，大量的火山灰弥漫天空，挡住了太阳辐射，使地球急剧降温，进而形成了地球的冰期。此外，还有另外一些关于冰川形成的假说，这里就不一一介绍了。

然而，不管何种假说，都没有得到比较令人信服的证据，都需要进一步加以研究。

海平面为什么会升降

看了这个题目，有的同学大概会说："大海每天都会涨潮落潮，海平面当然有升有降。地球自转与太阳月亮的引力是造成海水潮起潮落的根本原因——这难道也算是个谜吗？"

当然不算。因为，潮汐只不过是海平面在很短的时间里出现的上下摆动，而我们这里要讲的是在比较遥远的地质年代里，地球上出现过的大范围、大幅度的海平面变化。

科学家现在已经知道，在过去的地质历史

中，地球上曾经出现过不少次海平面升降的变迁。拿我国的东海、黄海和渤海来看，在最近的第四纪冰期中，就曾出现过大范围的海水上涨与海水下退的多次反复。

中国的科学家找到大量的证据证明，在距今大约 1.5 万年前，东海、黄海是一片水草丰美的平原。平原上生活着比较耐寒的大角鹿、猛犸、原始牛、披毛犀等动物。我们的先民在这片平原上过着原始的渔猎生活。平原上也有

一些山峰，如今成了孤立于海中的岛屿，比如庙岛群岛、舟山群岛、钓鱼岛等，当时都是屹立在黄海平原上的山峰。长江与黄河是这片平原上的主要河流，只不过比今天要长得多。它们不是在今天的长江口与黄河口流入大海，而是在靠近琉球群岛附近的琉球海沟入海。

那个时候,朝鲜海峡与对马海峡并不存在，亚洲大陆与东面的日本是连成一体的。中国大陆上的一部分先民离开自己的家乡，来到日本定居，成了今天日本人的祖先。

在第四纪中的另一个时期，东海、黄海和渤海又一次上涨，使华北平原和长江下游平原的绝大部分沦为大海。今天世界沿海许多大城市，在当时都是大海海底的一部分。

提出这样的看法是有着充分的科学根据的。科学家们在黄海与东海找到了当年黄河长江流过的古河道，找到了当年生活在这片平原上的各种古老动物的化石，甚至还在海下钻孔里找到了当年是陆地时，堆积下来的古老的黄土。另外，还在今天的华北平原与长江下游平原上，发现了当年海水入侵时留下的古代海洋贝壳堆积形成的贝壳堤和各种海洋沉积物。

那么，我国东海与黄海到底升降过多少次呢？

据研究，在最近 10 万年期间，就出现过 3 次海侵与海退的交替过程：

距今 10万～7 万年为第一次海侵，7 万～4 万年为第一次海退。距今 4万～3 万年为第二次海侵，3 万～1.5 万年为第二次海退。当时海平面下降幅度达 130 米左右，我国东海与黄海的海水深度一般都在 100 米以内，海底自然会露出水面，形成坦荡的平原。距今 1.5 万～0.7

万年为最后一次海侵，在大约距今 3000 年以前，海平面才逐渐下降到今天的位置上。

虽然人们对海平面升降已经有了相当深入的了解，但是有关造成海平面升降的原因，特别是对于今后海平面升降的发展趋势却一直没有统一的认识。

一种意见认为，地壳大范围的隆起可能形成海退，而地壳大范围的下沉，同样也会造成海水大范围的入侵。

这就好比一个盛水的水盆，在盛水量不变的前提下，盆底压扁以后，盆水水位自然要上升，相反就会下降。板块学说认为，海平面的升降与海底扩张速率有关。海底扩张速率快时，大洋底比一般情况下的大洋底要高一些，必然会导致海平面上升；而海底扩张速率慢的时候，大洋底要低一些，这时海平面下降。

另一种意见认为，全球气候变冷与变暖是影响海平面上升与下降的主导因素。这个道理不难理解。气候变冷，海洋中的水被蒸发后，变成了固体的冰雪，留在地球陆地上，形成大面积的冰川。虽然许多冰川可以流回到海洋里，但是，冰川流动太慢，而每年从空中降下来的雪远远大于冰川回到海中的水量。由于陆地上冰雪越来越多，海水就会越来越少，于是“海退”就产生了。

海侵的道理与海退的道理相反，不言自明。

全球气候变化引起海平面升降的假说，得到许多科学家的支持。但是，对于今后全球海平面升降趋势的预测，却存在着很大的分歧。一种说法认为，目前世界范围的气候正在逐渐变冷，当前全球正处在又一次海退时期。可是另一种说法却认为，目前世界气候正在不断变暖，由于人类活动的结果，使大气中的二氧化碳与其他化学物质大量增加，从而使大气吸收太阳辐射的能力大大增强，这必然引起全球气温的上升，这就是我们常听到的“温室效应”。而温室效应的结果，必然导致海平面的上升。

总而言之，到底当前的全球气候是变冷还是变暖,直到今天还没有一个比较一致的意见。由此而引出的全球海平面升降趋势问题，当然也就成了一个悬而未决的问题。

红海能变成大洋吗

打开世界地图，你会发现，在亚洲阿拉伯半岛与非洲东北部海岸之间，有一个狭长的内海，这就是举世闻名的红海。红海的战略位置十分重要，它是沟通欧亚两大洲，连接印度洋与地中海的天然水道，每年都有成千上万艘船只从这里通过。

红海所以被称作“红色的海”，的确与海水的颜色有关。原来海水中生长着一种叫蓝绿藻的植物，这种植物死亡以后，会变成红褐色。

大量的海藻浮在海面上，就把海水染成了红色。

红海更引人注意的地方还在于它奇特的形状。你们看，它海面轮廓狭长，两端收束，轴线呈西北—东南走向，东南一端为连通印度洋的曼德海峡，西北部的亚喀巴湾与苏伊士湾像是一只昆虫的两条触角，细细地伸进阿拉伯半岛与非洲大陆之间。

如果你是个细心的人，可能还会发现，红海左右两岸的海岸线形状十分相似，可以把这两条海岸线毫不费力地拼合在一起。当然也有

点儿例外，那就是在非洲大陆上的吉布提共和国那块土地，好像多出来一块。

红海这种奇怪的形状是什么原因造成的呢?

大陆漂移与板块学说诞生以后，对红海的形成有了一个全新的解释。科学家认为，大约在4000万年以前，地球上并没有红海。那时非洲与阿拉伯半岛还是连在一起的。后来，就在今天红海的位置上，地壳发生了断裂，阿拉伯半岛的陆块不断向北移动，红海谷地不断展宽，印度洋的海水通过曼德海峡灌了进来，才形成今天的红海。据科学家研究，这种地块的移动并不是单纯的平移，而是带有一种转动的性质。有人曾经利用古地磁的方法进行测量，发现阿拉伯半岛从第三纪以来，曾经发生过逆时针方向的运动，并且向北转了7度。

如果我们把眼光放得更远一点儿，就会看见，在红海南方通过吉布提、埃塞俄比亚，再南经肯尼亚、坦桑尼亚、卢旺达，一直到莫桑比克，有条连绵不绝的湖带。在红海北方，从亚喀巴湾开始，向北正对着世界最低点——死海和死海北面的约旦河和太巴列湖，也是一条河湖相连的低地。也就是说，北起亚洲阿拉伯半岛的西部，南到非洲东南的莫桑比克，基本上是一条长达数千千米的低地。这就是被人们称作“地球表皮上的伤疤”——赫赫有名的东非大裂谷。东非大裂谷在地球科学研究中占有重要地位，它的存在与发展，给板块学说以最有力的支持。因为，科学家发现，东非大裂谷与红海一样，也在不停地向两侧裂开，就像大洋中脊那样。

下面我们把眼光转移到非洲大陆上的吉布

提共和国，回答上面提到的红海两岸重合时的特例。吉布提，在地质学上称阿尔法三角地，以干旱、酷热闻名全非洲。在这片干旱的不毛之地上，到处分布着巨厚的盐层。科学家对此地非常重视，做过一系列的科学考察。通过考察得知，这些巨厚的盐层，是海洋干涸时期沉积下来的。这里的地下岩层也与一般的大陆岩层有明显的区别，是海洋地壳的一部分。此外，吉布提还有众多的火山温泉，说明地壳活动十分活跃。这说明，这块与阿拉伯半岛不能拼合的地方，原本就是红海海底的一部分，只不过是因为地壳运动切断了它与红海的联系，逐渐干涸造成的。其实，吉布提地区目前的地势仍然很低，境内的阿萨勒湖低于海平面约155米，是整个非洲大陆的最低点。

按照板块学说的观点，如今的大洋都是以

前的陆地分裂并不断向两侧移动造成的。他们用发展的眼光，把世界海洋的发育历史分成若干阶段，比方说，大西洋正处在发育旺盛阶段，叫壮年海；太平洋正处在发育后期，叫老年海；地中海在不断萎缩，所以叫残留海；而红海则处于发育初期阶段，称为“幼年海”。上面提到的东非大裂谷，海洋还没有形成，只产生了不少湖泊，所以只能叫“胚胎海”。据

科学家研究，目前红海的扩张还在继续，大约每年向两侧扩张 2 厘米。

现在，我们来回答红海会不会变成大洋的问题。按照板块学说，只要红海的扩张过程不停止，随着时间的推移，终有一天，红海一定会变成一个名副其实的大洋。这是一种说法。另一种说法是，即使红海今天的扩张运动一直在进行，但却无法保证海底扩张以后会一直持续下去。据今天掌握的材料，在以往漫长的地壳发展史中，有的板块不停地移动，最后形成了大洋；有的板块则在移动过程中，受到其他板块的阻挡，中途停止了移动，并未形成大洋。

总而言之，红海的未来，还要用时间加以证明。

贝加尔湖的奇异生物来自何方

如果你坐上从北京开往莫斯科的国际列车，出了蒙古国，再向北远行，就会在火车行进方向的右侧，看到一个一眼望不到边的大湖，静静地躺卧在群山和林海之间。火车要在湖岸边行驶整整六小时。有时候，火车就在紧挨着湖岸几米的地方行进。这时列车员会指给你说：“这就是贝加尔，俄罗斯西伯利亚地区最大的湖泊。”

贝加尔湖是一个长条形湖泊。它南北长

600多千米，东西宽50多千米，面积31500平方千米。论面积，在世界湖泊家族中它排行第七；论水量，则仅次于世界第一大湖里海，居世界第二位。而且，里海的水根本不能和贝加尔湖的水相提并论。因为，里海的水是咸的，而贝加尔湖的水是真正的优质淡水。贝加尔湖保存有近2.3万立方千米的淡水，差不多集中了全俄罗斯所有的河川、湖泊淡水量的80%，是人类一大水源宝库。

贝加尔湖蓄水量这么大是和它的深度分不开的。它的平均深度730米，最深的地方约1637米。也就是说，把我国五岳之首的泰山放进贝加尔湖，泰山山顶还要在湖面以下92米，这个深度只有大海才能与之相比。

贝加尔湖有300多条河汇入，其中最主要的河流是流经蒙古国的色楞格河。每年河流把巨大的水量带进贝加尔湖，再由安加拉河排入叶尼塞河，最后流进北冰洋。

在遥远的密林深处隐藏着这样一个大湖，它像一个谜，长期以来一直是科学家们关注的目标。而栖息在湖中的无数奇异生物更让人难以猜测。

有些科学家来到贝加尔湖，经过认真调查以后，最终弄清了栖息在湖里的生物种类有2500多种，其数量之大，实在惊人。更稀奇的是，在这2500多种生物种类中，大约有80%是世界其他任何地方都找不到的独有种。

还有一种非常奇怪的现象，有些生物在贝加尔湖附近的西伯利亚绝对找不到它们的踪迹，而在遥远的热带、亚热带，却能找到它们的同类。要不然，就可能在几千万年，甚至几亿年以前的古老地层中找到它们的化石。

比如，贝加尔湖中生活着一种叫藓虫的动物，这种动物的近亲在遥远的印度。还有一种水蛭，只有在中国南方的淡水中才能见到它。一种蛤类动物，世界上十分罕见，人们只能在巴尔干半岛上一个叫奥克里德的小湖中才能找到它的近亲。

贝加尔湖的生物奇闻趣事实在太多。

我们上面提到，它是个标准的淡水湖，但是在这个淡水湖中,却生长着大量的海洋生物。比如,海豹主要生活在南北极高纬度的海洋中。可是贝加尔湖里也有一种海豹，样子和海洋中的海豹相差无几，生物学家把它称作“贝加尔海豹”，是世界上唯一生活在淡水中的海豹。另外，贝加尔湖中生活着大量鳕鱼、鲱鱼、鲟鱼，它们和大海里的同类十分相似，却完全改变了在咸水中生活的习性。贝加尔湖底到处生长着一米多高的海绵，在水下形成浓密的“湖中丛林”。在海绵丛林中，一种称作“贝加尔龙虾”的动物大量繁殖。

为了解释这些动物的来历，科学家真是伤透了脑筋。

世界各国的生物学家、地质学家、地理学家、生态学家，甚至考古学家都被邀请来，一起探索贝加尔湖的秘密，为了一个目标——给贝加尔湖奇特生物的产生寻找科学而合理的答案。他们日以继夜地工作着，目前已经取得了十分可喜的成果。

最早的解释是，贝加尔湖的生物可能是从海洋里进来的。但目前支持这种意见的并不很多。因为在他们看来，这个深居大陆腹地的湖泊，不管从哪个方向，与海洋的直线距离都在1000 千米以上。有谁能想象得出，那些生物是用什么方法跨过宽广的大陆，飞到贝加尔湖的？更何况，长期习惯于在咸水中生活的海洋生物，一旦进入淡水，必然会很快死去。

既然贝加尔湖生物的“外来说”不那么令人信服，于是就产生了贝加尔湖生物的“土著说”。这种意见认为，贝加尔湖的生物可能很早就生活在这里。他们大胆推测，可能在千百万年以前，贝加尔湖曾是大海的一部分。那时，贝加尔湖里生活着与大海相同的生物。

后来，地壳发生了变动，使贝加尔湖与大海相分离，变成了内陆的一个湖泊。因为与海洋断绝了联系，而河水又不断把淡水流进湖里，于是湖水也慢慢地由咸变淡。在贝加尔湖湖水由咸变淡的缓慢过程中，原来生活在海洋中的生物，一部分不能适应环境的变化，死去了；另一部分则逐渐改变了自己的生活习性，生存了下来。这就是贝加尔湖之所以保存了大量海洋生物的一种比较普遍的看法。

然而，这种假说并不十分完善。比如，如果这种说法能够成立，那么，到底是在哪一个地质时期贝加尔湖与大海相连，又是在哪一个地质时期贝加尔湖开始与海洋分离？分离以后，这些海洋生物是通过什么方式逐渐适应了淡水环境的？如此等等，还需要科学家进一步研究和探索。

我们相信，藏在贝加尔湖里的秘密总有一天会被人们完全揭开。

“魔鬼三角”的魔力何在

世界上有一个叫“魔鬼三角”的地方，提起来令人生畏。据说，在这里，飞机会迷失方向，轮船会莫名其妙地失踪，罗盘不灵，无线电无法发报……种种奇闻怪事再经报刊的大肆渲染，使这里成为世界上一个最特殊也最令人感兴趣的地方。许多好事者，甚至一些科学工作者，也来到这片海区进行探险考察，寻求谜底。但是，直到今天，仍然是众说纷纭，莫衷一是。

百慕大魔鬼三角是大西洋上的一片海区，在美国东南海岸外两三百千米处。它是由大西洋上的百慕大群岛、美国的佛罗里达半岛与西印度群岛中波多黎各的圣胡安城三点的连线形成的三角形区域，所以有“百慕大三角”之称。

早在1502年，哥伦布第四次远航美洲时，就曾在百慕大海区遇到一次大风暴。哥伦布在大风大浪中挣扎了八九天，才算脱险。据哥伦布回忆说，这可能是他的航海生涯中所遇到的最险恶的一次风暴。

在哥伦布之后的几百年里，百慕大三角区的奇闻怪事发生得就更多了。比如，1925年4月8日，日本货轮“来福丸”号满载着小麦等货物，在百慕大附近的平静海面失踪。1963年2月3日，美国油轮“凯恩”号在这片海区中航行时突然中断了与外界的联系，葬身大海。要知道当时油轮上有非常先进的自动导航与通信设备。

最为轰动的算是1945年发生的美国飞机失踪事件。1945年12月5日，美国海军航空兵第19中队的五架鱼雷轰炸机神秘失踪事件，发生得十分蹊跷。当时，这个中队从佛罗里达一基地起飞去执行任务。飞机在空中只停留2小时，航行距离600多千米。在飞机起飞前，地勤人员对每架飞机做了仔细检查，飞机上的无线电通信设备完好，每架飞机上还配备有自动充气的救生艇和救生背心。另外，驾驶员有丰富的飞行经验，而且天气晴朗。

可是，在飞机返航时却遇到了麻烦。中队长泰洛尔报告说，他们迷失了方向。基地人员感到十分吃惊。他们知道，当时即使飞机上的罗盘出了毛病，只要飞机迎着太阳飞，就可以到达海岸，返回基地。基地救援机起飞去寻找这个中队，不久救援机与基地的联系也中断了。为了寻找失踪的两批飞机，美国动用了300架飞机和21艘舰艇，搜索的范围从辽阔的海洋到崇山密林，结果什么也没有找到。

比第19中队失踪早一年的“鲁比康”号船事件也令人十分不解。1944年10月23日，人们在美国佛罗里达半岛附近的海上发现一艘无主货船在漂荡。经调查，这是一艘古巴货

船——“鲁比康”号。可是当人们登上这艘船时，却发现船上空无一人，只有一只狗留在船上。

类似的事情还有很多。1976 年 10 月 17 日，巴拿马的一艘装有 1.5 万吨铁矿石的运输船“西尔维亚·L. 奥萨”号从巴西开往美国的费城。船上有船员 37 名，在经过百慕大三角区时突然失踪。令人不可理解的是，这艘运输船两天前还发电报给费城，说船只航行在距费城 1111 千米的海上。人们查阅了这天的天气记录，这一带海区天气状况很好，能见度为 64 千米，海面风平浪静。然而谁也改变不了“西尔维亚·L. 奥萨”号失踪的事实。

对于百慕大三角区的种种奇怪现象，人们也做过多次调查，提出不少解释。从海洋环境看，这里并没有什么特别的地方。没有海底火山喷发，没有频繁的地震，只是该地区的地磁方向有些异常。也就是说，本来罗盘的指针都应该指南指北，而由于地磁异常的干扰，航行到这里的船只与飞机上面的罗盘必须进行一定的校正。

另外，百慕大三角区处在墨西哥湾流区。受北赤道东北信风的吹拂，在大西洋中部形成一股自东向西的大西洋北赤道洋流。当这股洋流向西流到墨西哥湾时，方向发生偏转，从北美东海岸向东北穿过大西洋到达欧洲海岸，直至北冰洋，这就是世界闻名的墨西哥湾流（简称“湾流”）。湾流是世界最强大的洋流。它宽可达80～200千米，水层厚200～800米，一天流程可达120～190千米。特别是湾流在墨西哥湾转向一带，海流流速很快，流动中常出现大量旋涡，这给船只的航行带来一定的危险。受湾流的影响，这一地区的天气状况也变化多端，墨西哥湾上常会形成强大的飓风，这也是船只航行的危险敌人。

也有人认为，百慕大周围的海区分布着众多的暗礁，是造成船只失事的重要原因。更有人认为，百慕大处在大西洋上最繁忙的海上通道中，又是欧美各国旅游度假观光的好去处，每年无数架飞机与船只来往于百慕大地区，出现几起空难与海难事件，本来是很正常的现象，用不着大惊小怪。

但是，人们对于上述解释并不满意。因为，以今天的科学技术条件看，上述的不利因素都是完全可以克服的。于是，在社会上产生了不少关于百慕大三角区的种种传闻。有人甚至估计，在百慕大的海底可能有一个可以吞噬一切的大嘴，船只只要经过这里就会葬身海底。当然这种说法没有任何根据。下面的一些假说却值得我们注意。

第一种假说，叫“强烈次声波说”。一些学者提出，海浪与风暴可以产生具有极大破坏力的次声波，使船只破裂，飞机解体，使人们在神秘的、听不到的声音中死去。

第二种假说，叫“飞碟说”。坚持这种意见的人认为，百慕大的空难与海难都是天外来客干的。为此美国空军花了几十年时间去收集材料，其结果却并不令人信服。

第三种假说是在宇航事业发展起来以后提出来的。美国宇航员在拍摄到的照片中发现，百慕大海区的海平面是一个凹陷区，比附近海区低约 64 米。这里还有一个深深的海沟，深 9215 米。一些科学家推测，可能海沟下的地壳存在着一种超重物质,在超重物质的影响下，这里产生重力异常，使海平面下降，船只一旦驶入该区，必然惨遭厄运。

还有一种假说，是在美国一艘科学钻探船在百慕大海下发现甲烷冰晶后出现的。甲烷本来是一种可燃性气体，但在高压的地下，却可以变成结晶状物质。甲烷冰晶一旦遇热就会爆炸，于是人们推测，可能是因为海下火山活动引发甲烷冰晶突然爆炸，致使船只失事。

总而言之，百慕大魔鬼三角区的问题远没有解决。

真的有“阿特兰蒂斯”大陆吗

“阿特兰蒂斯”大陆也叫大西洲，在欧洲古老的传说中一直是一个令人神往的地方。相传在遥远的古代，在海的那一边，有一片十分富饶的土地。那里植物茂盛，物产丰富。它的首都有漂亮的房子和高高的城墙。据说，那里盛产铜、锡、金、银等金属，所以，城墙上镀着铜和锡，庙宇镀着金和银。它同其他国家进行贸易，征服了直布罗陀以东的国家。然而，它的军队在与强悍的雅典兵交战中吃了败仗。

接着，空前的灾难降临到这个国家的头上——在一次强烈的地震中沉入大海。从此，阿特兰蒂斯就永远消失了。

这个古老的传说流传了两三千年，人们对于它，将信将疑，一直得不出一个肯定或是否定的答案。如果说它是真的，阿特兰蒂斯究竟在哪里呢？如果说它是假的，说这番话的又不是个小人物，而是古希腊的著名学者柏拉图。

据说，关于阿特兰蒂斯的故事，并不是柏拉图亲眼所见，而是从他的祖父那里听来的。至于他的祖父又是从哪里听到的，我们就不得而知了。柏拉图是个非常严肃的学者，为了了解这个传说的可靠性，他不远千里从希腊越过地中海，来到古国埃及。在那里，他访问了不少德高望重的僧侣，僧侣们照样肯定他祖父告诉他的传说确有其事。于是，柏拉图就把这个故事记载在他的《克里同》和《蒂迈欧》等著作中。柏拉图记载得十分简短，又十分含糊，就连阿特兰蒂斯的具体位置也没有说清楚。也许，柏拉图当时就没有把这个神秘大陆的位置弄清楚。这就不能不引起人们对于阿特兰蒂斯的种种猜测。

可以说，1000多年来，在欧洲，围绕着寻找阿特兰蒂斯的热潮一直有增无减。多少世纪以来，地理学家、地质学家、海洋学家和考古学家利用各种方法、各种手段去探寻阿特兰蒂斯的奥秘，可是直到今天，也不能说已经找到了。

从目前研究进展的情况看，大概有以下几种可能：

第一，阿特兰蒂斯在大西洋。这是欧洲人最早注意到的一个地区。说来也非常奇怪，阿特兰蒂斯与大西洋在西文中实际上是同一个词。那么阿特兰蒂斯在大西洋的什么地方呢？有人说，在欧洲对岸北美外海的百慕大一带的海底。支持这种意见的人举出的理由是，人们在百慕大海区内考察时，发现了不少海底建筑，什么“一条以不同长度与厚度的长方形与多边形石块铺成的大道”呀，什么“一座海底金字塔”呀，什么“一座方形的古城”呀等。有的考古学家还真在科学讲座会上展示出自己在海底拍摄下来的各种照片。

第二，阿特兰蒂斯并不在大西洋，而是在遥远的高加索。支持这种意见的人们提出，在古希腊的传说中有一个到高加索寻找金羊毛的故事，故事中提到的一座宫殿与柏拉图记载的宫殿十分相似。又说，古希腊神话故事中驾着挪亚方舟的挪亚就是高加索人，高加索人有高度文明，火的发明是一大贡献。那么阿特兰蒂斯具体在高加索的什么地方呢？提出这种观点的人认为，它已经沉入了黑海。据说，苏联的考古队还真的在黑海里找到不少古代文化遗迹呢！

第三，阿特兰蒂斯既不在大西洋，也不在高加索，而是在离希腊不远的地中海里。具体地点在今天的克里特岛北部的海上。支持这种意见的人们提出的最有力的证据是，这里曾经出现过比希腊还要早的高度的文明，而且也确实在一次意外的自然灾害的打击下,毁于一旦。

欧洲人对于克里特岛的古老文明，本来并不知道。希腊荷马史诗中有关克里特岛的种种美丽富饶的记载，一直被认为是神话传说。可是在考古工作者的不懈努力下，克里特岛的文明逐渐被人们所认识。人们在克里特岛上发掘出大约在公元前 15 世纪建造的豪华宫殿，发掘出各种制作精美的铜器和刻在泥板上的文

字。也就是说，当希腊还处于野蛮时代时，克里特人已经进入了先进的铜器时代。

在考古工作中，人们发现这么巨大的古代遗址之所以废弃，是因为一次突然的大规模火山喷发。这次火山喷发十分强烈，据说它的威力相当于130颗核弹的爆炸力，喷出的火山灰的体积达到62立方千米以上。火山还喷出大量有毒气体，给克里特人以致命的一击。火山喷发后，克里特文明也就被彻底埋葬了。

人们估计，可能离克里特岛不远，还有一座岛（有人说，是桑托林岛），就是传说中的阿特兰蒂斯。它有与克里特同样的文明，也在这次自然浩劫中，被火山埋葬了。以上这种说法，支持的人比较多。所以直到今天，还有不少考古工作者在这片被火山灰掩埋的岛屿上和大海深处，寻找着他们梦寐以求的阿特兰蒂斯。

古代发生过大洪水吗

无论在中国，还是在西方，都有关于古代大洪水的传说。

在中国，有关古代大洪水的传说是这样的：在尧舜时期，天下洪水滔滔，到处是一片汪洋。洪水给人们带来深重的灾难。于是，尧就命令禹的父亲鲧（gǔn）去治水。鲧治水办法不当，一味地去塞呀、堵呀，结果越治洪水越厉害，因此受到尧的严厉制裁，丢了脑袋。接着舜又启用鲧的儿子禹去治水。禹总结了父亲治水失败的经验教训，一改堵和塞的硬碰硬的办法，而用疏呀、导呀的方式，也就是说，哪里有洪水，就在哪里挖一条沟，把洪水排掉，用的力量比鲧要少得多，却取得了非常好的效果。大禹治水取得了成功，推动了生产的发展，自己也当上了部落的首领。

在西方，有关大洪水的传说是这样的：当上帝创造了万物和人以后，由于人不按上帝的旨意行事，造了不少罪孽。上帝为了惩罚世

人，准备天降大水，把人类全部淹掉。可是，人世间有一位善人挪亚，上帝把大洪水的消息告诉了他。这位善人造了一只方舟，称“挪亚方舟”。靠着这只方舟的帮助，挪亚得以逃脱这场世界性大劫难。今天的人类就是这位善人传下来的。

东西方两则古代故事,都是讲古代洪水的。难道这两个关于大洪水的传说没有任何事实根

据吗？它们之间就没有一定的联系吗？当然，对于一般科学工作者来说，上述的民间传说，可以不必加以考虑。因为，传说并不能代表事实。

但是，人们是否可以透过传说的“外衣”，去发掘一下其中合理的内核呢？一些科学工作者以为，这其中确有一些问题可以探讨。

现在我们来做一个简单的分析，看看东西方的传说有何异同。

不同点，可能是东西方文化差异的反映。在东方的中国，对于自然界的态度，一直是比较积极的，相信只要经过人的努力，自然灾害是可以防治的,于是就产生了大禹治水的故事。在西方，宿命思想比较严重，以为自然灾害是上帝强加在人类头上的，除了利用挪亚方舟死里逃生以外，别无其他办法。

相同点对于我们更有意义。第一，传说中大洪水的发生时间大致相同，即发生在人类文明的初期，距今大约七八千年以前；第二，大洪水是人类发展的分水岭，洪水过后，人类开始了新发展。

我们再来看看这两则传说发生的地点。中国大禹治水的传说大约发生在中国黄河流域，而西方的传说，大约发生在西亚的两河流域。不管是黄河也好，还是两河流域的底格里斯河和幼发拉底河也好，都有发生洪水的可能。问题是那时的洪水何以能够造成那么大的灾难，以至于几千年以后还流传着关于它的传说呢？

我们在《古代的冰期是怎样形成的》一文中提到，目前世界正处在第四纪最后一个冰期中的间冰期。地球上最后的这个间冰期开始于1万年以前。从冰期到间冰期，气候有一个从寒冷到温暖的过渡阶段。在这个时候，发生特大洪水是完全可以理解的。由于气温的上升，原来堆积在高山高原的冰川开始大量融化，进入下游的河里，必然形成大洪水。洪水不但延续时间长，而且规模也十分巨大。

到了距今8000年到3000年间，世界气候变得更加温暖,许多地方的降水也比今天要多。科学家把这段时期称为“气候适宜期”。这个气候温和、雨量较多的时期，也是人类高速发展的时期。在中国的黄河流域，人类学会了农耕和家畜的饲养，出现了以彩陶文化和黑陶文化为代表的两大文化系列，使这一时期成为中华民族最为繁盛的远古时期之一。在两河流域，曾经繁荣一时的巴比伦文明也使世界瞩目。这可能就是大洪水过后，人类出现明显的转折，开始大踏步前进的根本原因。

上述意见只是一家之言，也许并不能被大多数学者所接受。而且传说中的大洪水是不是确实发生过，也没有定论。不过，在这里，我们把这个问题提出来，还有另一层意思，那就是，对于古代一些民间传说，切不可一概认为荒诞而不予理睬。也许透过这些传说，还会发现一些自然之谜的真相呢！